そもそもなぜをサイエンス **6**

電気はどこで生まれるの

小野 洋 著　大橋慶子 絵

目次

電気を見たことはありますか？	▶p02
こすり合わせると引きつけ合う力が生まれる ── 静電気	▶p04
静電気で蛍光灯はつくか？	▶p06
電気には＋と－がある	▶p08
電気のもとは物質のなかにある	▶p10
こすり合わせるとなぜ電気をおびるのか？	▶p12
離れていてもはたらく電気の力 ── 電場	▶p14
電気をおびていなくても引きつけられる	▶p16
金属は移動しやすい電子をもっている ── 自由電子	▶p18
電流が流れるしくみ ── 自由電子の移動	▶p20
電気をためて電流を流してみよう	▶p22
電流を流し続けるためには ── ボルタの電池	▶p24
離れていてもはたらく磁石の力 ── 磁場	▶p26
電流のまわりに磁場ができる	▶p28
磁石で銅線を動かす	▶p30
電気を回転する力に変える ── モーターのしくみ	▶p32
磁場から電流をつくれるのでは？ ── ファラデーの発見	▶p34
モーターのコイルをまわすと電気が生まれる ── 発電機のしくみ	▶p36
電気のつくり方、ため方	▶p38

大月書店

電気を見たことはありますか？

私たちの身のまわりには電気製品がたくさんあります。

洗濯機や扇風機など、ぐるぐるまわる電気製品は、電気を回転する力に変えています。テレビや照明器具、ドライヤー、トースターなどは、電気を光や熱に変えて利用しています。

しかし、私たちは力や熱に変わる前の電気そのものの姿を見ることはありません。

電気を回転する力に変える

洗濯機 / 扇風機

電気を光や熱に変えている

テレビ / 照明

トースター

電気製品の多くは、コンセントにプラグをさし込んで、そこから電気を取り入れています。コンセントの先は、発電所につながっています。

また、携帯電話やかい中電灯、時計などは、電池を入れて使っています。

発電所や電池では、どのようにして電気が生まれているのでしょう？

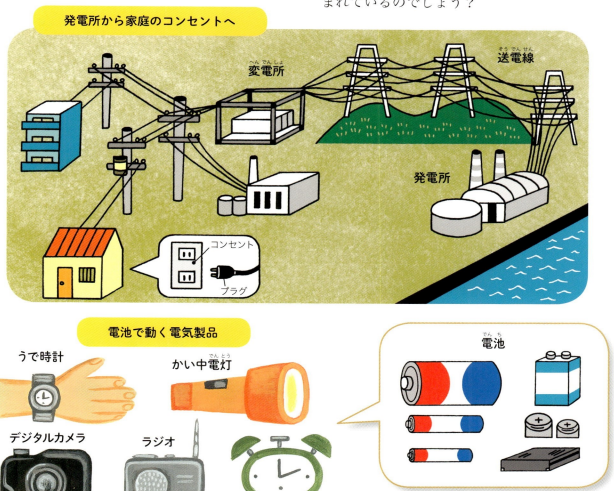

こすり合わせると引きつけ合う力が生まれる──静電気

　発電所や電池だけでなく、身近な自然現象からも電気が生まれます。

　下の図のように、プラスチックの下じきを髪の毛とこすりあわせると、髪の毛は下じきに引きつけられます。この引きつけ合う力は電気のはたらきによるもので、こうした電気を「静電気」と呼んでいます。

　セーターをぬぐときに、その下の服とこすれ合って、パチパチと音がするのも静電気によるものです。

　ほかのものでも、こすり合わせると引きつけ合います。ガラスとティッシュペーパー、ゴム風船とセーター、発泡スチロール（食品のトレイ）とプラスチックの下じきなどなど…。

　ためしてみましょう。

下じき

下じきと髪の毛をこすり合わせると…

どちらも静電気のはたらき

セーターをぬぐときに下の服とこすれ合ってパチパチと音がする

セーター

空気の乾燥した冬の日に、ドアの取っ手をさわった瞬間、びりっとしたり、火花が飛んでびっくりすることがあります。この現象も、着ているものどうしがこすれ合って生まれた静電気によるものです。同じように、雲と地上をつなぐ大きな火花（＝かみなり）も静電気のはたらきで起こる現象です。

みんな静電気

ドアの取っ手でびりびり！も静電気のはたらき

かみなり（雷）も静電気のはたらき

下じきを自分の体にこすりつけて静電気をおこし、指をほかの人の指に近づけると、一瞬パチッと火花が走る。（写真　伊知地国夫）

静電気で蛍光灯はつくか？

　ものとものをこすり合わせると、不思議な力がはたらくということは、古くから知られていました。2600年前ごろのギリシャの人びとは、宝石の琥珀を布などでみがくと布が引きつけられることを知っていました。

　約400年前、この現象を初めて科学的に調べた人がイギリスのギルバートです。彼は、琥珀以外のいろいろなものをためして、どんなものでもこすり合わせるとおたがいに引きつけ合うことを証明しました。そして、ギルバートは、このこすり合わせたものどうしが引きつけ合う現象を、ギリシャ語で琥珀を意味する「エレクトロン」にちなんで、「エレクトリカ」と名づけました。そこから英語の「エレクトリシティ」という言葉が生まれ、日本語で「電気」と訳されたのです。

　現代では、ちがうものどうしをこすり合わせたときに生まれる電気を、「静電気」と呼んでいます。また、このようにものが電気をもつようになることを「帯電」（電気を帯びる）と言います。

琥珀
なかに虫が入っている

琥珀を布でみがくとくっつく

※琥珀は宝石の一種で、木の樹液がかたまって化石になったもの。

この静電気で10Wぐらいのちいさい蛍光灯をつけられるか、ためしてみましょう。

左の図のように、ポリ塩化ビニルの水道管(以下、塩ビ管と呼びます)をティッシュペーパーでこすって静電気を発生させます。蛍光灯の端にある電極の部分に塩ビ管を近づけます。すると、蛍光灯が一瞬光るようすを見ることができます。光が弱いので、暗い部屋で実験するとよくわかります。

※梅雨時など湿気の多いときはうまく光らないことがあります。

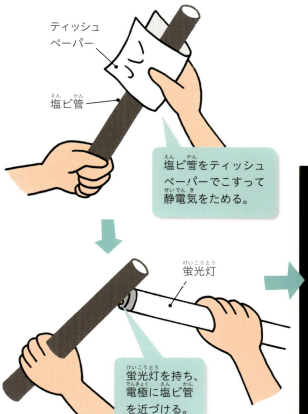

塩ビ管をティッシュペーパーでこすって静電気をためる。

蛍光灯を持ち、電極に塩ビ管を近づける。

塩ビ管を蛍光灯の電極に近づけると、静電気で一瞬、蛍光灯が光る。(写真 伊知地国夫)

電気には ＋ と － がある

　ものとものをこすり合わせると、静電気が生まれ、ものとものが引きつけ合いました。しかし、静電気は、引きつけ合うだけではありません。
　ストローとティッシュペーパーを用意します。図のようにストローとティッシュペーパーをこすり合わせて電気をおびさせます。電気をおびたストローとティッシュペーパーを近づけるとティッシュペーパーはストローのほうへ引きつけられます。今度は、電気をおびたストローどうしを近づけると、反発して離れていきます。

ストローをティッシュペーパーでこすって、静電気をためる。

ストロー

ティッシュペーパー

ストロー２本

ストローをティッシュペーパーに近づけるとティッシュペーパーがストローのほうへ引きつけられる。

手で持ったストローを机の上のストローに近づけると離れていく。

このように、引きつけ合ったり、反発し合うことから、ストローとティッシュペーパーはちがう種類の電気をおびていることがわかります。
　そこで、ストローがおびた電気を−（マイナス）の電気、ティッシュペーパーがおびた電気を＋（プラス）の電気と呼んで区別しています。つまり、ものとものをこすり合わせると、一方は＋の電気を、もう一方は−の電気をおびるようになるのです。そして「＋と＋」や「−と−」のように同じ種類の電気どうしでは反発し合う力がはたらき、「＋と−」のようにちがう種類の電気どうしでは引きつけ合う力がはたらきます。

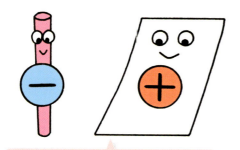

ストローはマイナス、ティッシュはプラスの電気をおびている。

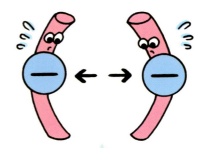

ストローどうしはどちらもマイナスの電気をおびているので反発し合う。

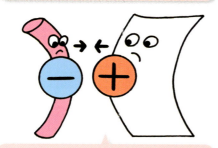

プラスとマイナスは引きつけ合う。

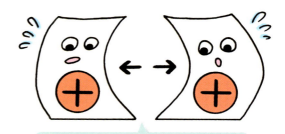

同じ種類の電気どうしは反発し合う。

電気のもとは物質のなかにある

ものとものをこすり合わせると必ず静電気がおきるのはどうしてでしょうか。

紙や木、鉄や銅など、私たちのまわりにあるすべてのもの（物質）は原子というとてもちいさな粒がたくさん集まってできています。原子の種類は約110種類あり、それらの原子が結びついて、すべての物質がつくられています。たとえば、水は水素原子2個と酸素原子1個が結びついてできています。二酸化炭素は、炭素原子1個と酸素原子2個が結びついてできています（下の図）。

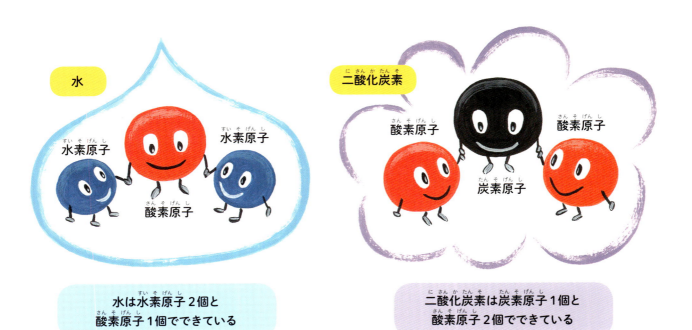

水は水素原子2個と酸素原子1個でできている

二酸化炭素は炭素原子1個と酸素原子2個でできている

こすり合わせる前のものは、電気をおびていません。しかし、ものとものをこすり合わせると＋（プラス）と－（マイナス）の電気が生まれます。

　それは、原子のなかに＋の電気のもとと、－の電気のもとがあるからです。＋の電気のもとになっているのが原子核で、原子の真ん中にあります。それに対して－の電気のもとになっているのは原子核のまわりを飛んでいる電子です。

　原子核が＋の電気をもっているのは、なかに＋の電気をもつ陽子があるからです。陽子の数は原子の種類によってちがいますが、どの原子でも陽子と電子の数は同じです。たとえば下の図のように、酸素の原子は8個の陽子と8個の電子、炭素の原子は6個の陽子と6個の電子をもっています。

　このように、1個の原子のなかは、＋の電気と－の電気の数が同じなので、＋と－がたがいにうち消し合って、電気をもっていないようにみえます。

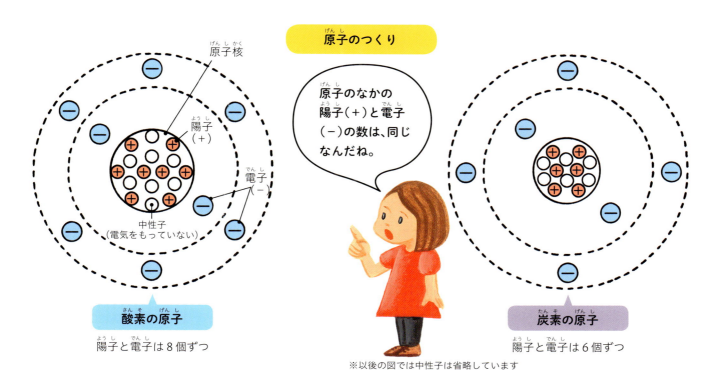

原子のつくり

原子のなかの陽子（＋）と電子（－）の数は、同じなんだね。

酸素の原子　陽子と電子は8個ずつ

炭素の原子　陽子と電子は6個ずつ

※以後の図では中性子は省略しています

こすり合わせると
なぜ電気をおびるのか？

　原子のなかでは＋と－の電気がうち消し合うので、電気をおびていません。しかし、ものとものをこすり合わせると、それぞれが＋と－の電気をおびるのは、なぜでしょう？　そのしくみを8ページのストローとティッシュペーパーが引きつけ合った実験で考えてみます。

　ストローとティッシュペーパーをこすり合わせると、ティッシュペーパーの原子のなかにある電子（－）がストローのほうへ移動します（下の図2）。

　すると図3のように、電子（－）を受けとったストローは、電子（－）が多くなって－の電気をおびます。一方、電子（－）がすくなくなったティッシュペーパーは＋の電気をおびます。

　こうして、＋の電気をおびたティッシュペーパーと、－の電気をおびたストローは、たがいに引きつけ合うようになります。

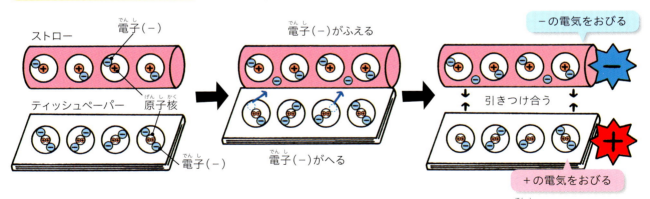

図1　ストローとティッシュペーパーの原子は、原子核の＋と電子の－の電気がうち消し合っている。

図2　ティッシュペーパーの電子（－）がストローへ移動する。

図3　ストローは電子（－）がふえて－の電気をおび、ティッシュペーパーは電子（－）が少なくなって、＋の電気をおび、＋と－で引きつけ合うようになる。

4ページの髪の毛とプラスチックの下じきの場合も同じです。こすり合わせると髪の毛の原子から電子（－）が下じきに移動し、電子（－）がへった髪の毛は＋の電気をおびます。一方、電子（－）がふえた下じきは－の電気をおびます。こうして、髪の毛と下じきは、＋と－でおたがいにひきつけ合うようになります。

　こすり合わせるときに、どちらが＋の電気をおびやすく、どちらが－の電気をおびやすいかは、2つの物質のあいだでどちらに電子（－）が移動するかで決まります（下の図）。

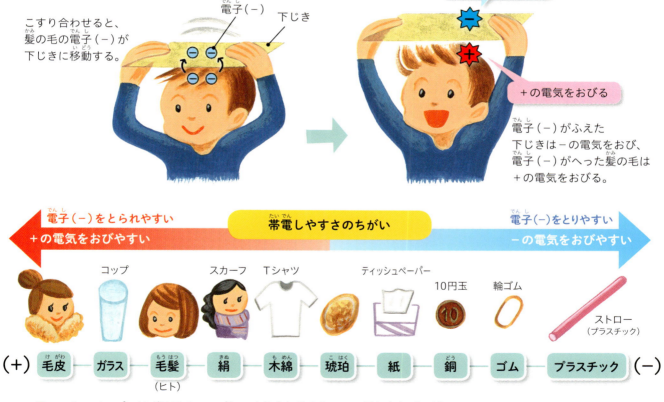

こすり合わせると、髪の毛の電子（－）が下じきに移動する。

電子（－）がふえた下じきは－の電気をおび、電子（－）がへった髪の毛は＋の電気をおびる。

帯電しやすさのちがい

（＋）電子（－）をとられやすい／＋の電気をおびやすい　←　毛皮 － ガラス － 毛髪（ヒト） － 絹 － 木綿 － 琥珀 － 紙 － 銅 － ゴム － プラスチック　→　電子（－）をとりやすい／－の電気をおびやすい（－）

コップ　スカーフ　Tシャツ　ティッシュペーパー　10円玉　輪ゴム　ストロー（プラスチック）

ティッシュペーパーはガラスのコップとこすり合わせると、－の電気をおびるが、ストローとこすり合わせると＋の電気をおびる。

離れていてもはたらく電気の力
──電場

　バットでボールを打ったり、サッカーボールを足でけったりするとき、バットがボールに、足がサッカーボールにふれて力がはたらき、ボールが飛んでいきます。このように、力がはたらく場合はものとものがふれ合っています。

　ところが、ストローとティッシュペーパーが引き合うように、電気の力は離れていてもはたらきます。そこでイギリスのファラデーは、電気をもつものがあると、そのまわりの空間が変化して、そこに電気をおびた別のものをおくと力を受けると考えました。

　この電気的に変化した空間を「電場」といいます。

こすりあわせてできたストローの電場

－の電気をおびている

引きつけられる

＋の電気をおびている

こすり合わせる前の
ストローのまわりの空間と
ティッシュペーパー。

こすり合わせたあとのストローの電場のなかに
＋の電気をおびたティッシュペーパーをおくと
引きつけられる。

たとえば＋の電気をもつもののまわりの電場に、＋の電気をおびたものをおくと反発する力を受けます（下の図1）。－の電気をもつもののまわりの電場に、＋の電気をおびたものをおくと引きつけられる力を受けます（図2）。
　また、電気をおびたものから遠ざかるほど、電場から受ける力は小さくなっていきます。

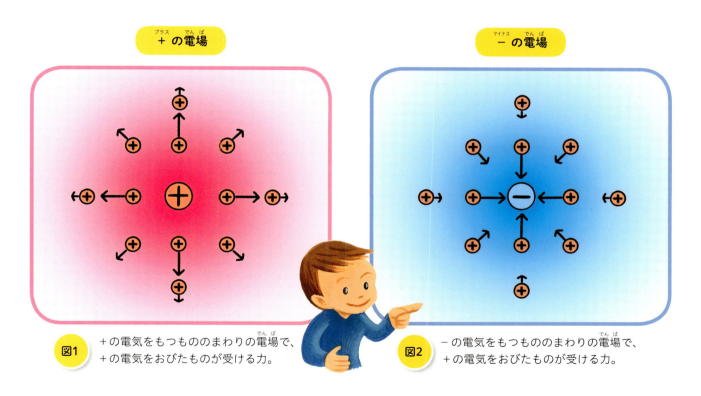

＋の電場

－の電場

図1　＋の電気をもつもののまわりの電場で、＋の電気をおびたものが受ける力。

図2　－の電気をもつもののまわりの電場で、＋の電気をおびたものが受ける力。

※図の矢印は、その位置に＋の電気をおびたものをおいたときに受ける力の向きと大きさを表わしている。

電気をおびていなくても引きつけられる

ものとものをこすり合わせると、それぞれのものが電気をおびて引きつけ合いました。ところが引きつけあう現象は、片方が電気をおびてなくてもおこります。

たとえば、アクリル定規を髪の毛でこすって－の電気をおびさせ、電気をおびていないティッシュペーパーに近づけるとティッシュペーパーが引きつけられます（図1）。

また図2のように、電気をおびていないわりばしを動きやすいように糸につるし、－の電気をおびたストロー（ティッシュペーパーでこすったもの）を近づけます。するとわりばしは、電気をおびていないのに、ストローに引きつけられて動くのです。このわけを考えてみましょう。

図1　髪の毛でこすった定規をティッシュペーパーに近づけると引きつけられる。

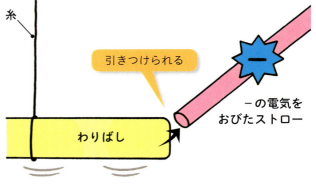

図2　ティッシュペーパーでこすったストローをわりばしに近づけると、引きつけられる。

下の図のように、−の電気をおびたストローのまわりには電場が生じます（青色の部分）。その電場のなかにわりばしをおくと、わりばしの原子のなかの電子（−）は電場から力を受けて反発し、ストローの反対側にかたよります。+の電気をもつ原子核の位置は決まっていて動きません。この電子（−）のかたよりがわりばしのすべての原子でおこり、わりばし全体では右側が+の、左側が−の電気をおびたようになります。
　そのため、+の電気をおびたわりばしの右側がストロー（−）の電場から力を受けて、引きつけられたのです。

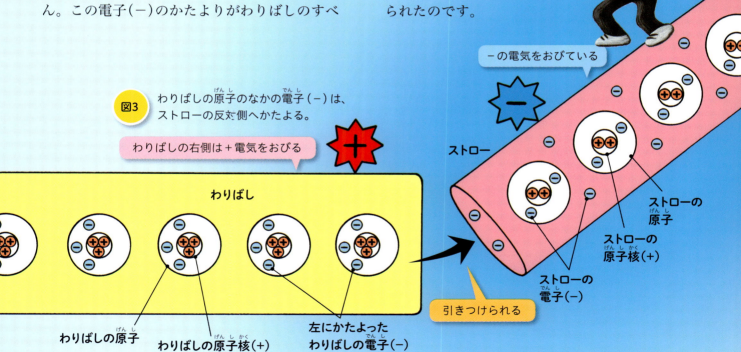

図3　わりばしの原子のなかの電子（−）は、ストローの反対側へかたよる。

金属は移動しやすい電子をもっている ── 自由電子

　空き缶に透明なラップを巻きつけてはがします。すると空き缶からラップへ電子(−)が移動し、ラップは−の電気をおび、電子(−)がへった空き缶は＋の電気をおびます(図1)。

　つぎに、アルミホイルを棒状にしたものを糸でつるしておきます。ここに＋の電気をおびた空き缶を近づけると、アルミホイルは空き缶に引きつけられます(図2)。引きつけられた側のアルミホイルは−の電気をおびていることになります。ところがアルミホイルを空き缶にくっけると(図3)、ぱっと離れていきます(図4)。これはアルミホイルが＋の電気をおびたということです。なぜでしょうか？

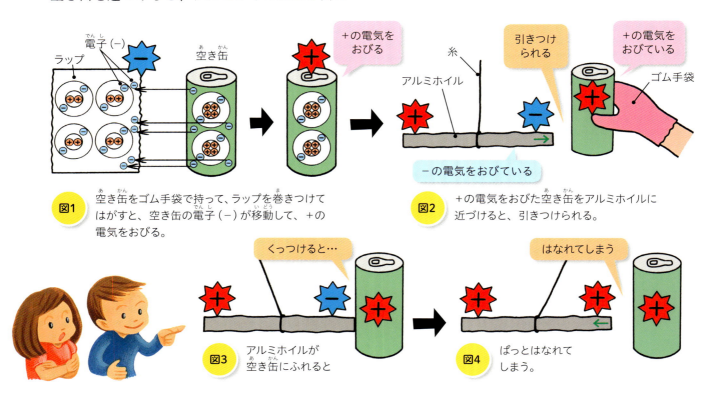

図1　空き缶をゴム手袋で持って、ラップを巻きつけてはがすと、空き缶の電子(−)が移動して、＋の電気をおびる。

図2　＋の電気をおびた空き缶をアルミホイルに近づけると、引きつけられる。

図3　アルミホイルが空き缶にふれると

図4　ぱっとはなれてしまう。

空き缶やアルミホイルは金属です。金属の原子には原子にしばられないで、自由に金属のなかを動きまわれる電子(－)があります。これを「自由電子」といいます(図5)。

図6－1のように、アルミホイルのなかの自由電子(－)が＋の電気をおびた空き缶に引きつけられて移動し、アルミホイルの右側が－の電気をおびて、空き缶に引きつけられます。アルミホイルが空き缶にふれると、アルミホイルのなかの自由電子(－)は空き缶へ移動します(図6－2)。

そのためアルミホイルは電子(－)が少なくなり、＋の電気をおびるようになります。空き缶のほうは、アルミホイルから自由電子(－)が移動してきても、まだ＋の電気のほうが多いので＋の電気をおびたままです。こうして両方とも＋の電気をおびて、反発する力がはたらくようになるのです(図6－3)。

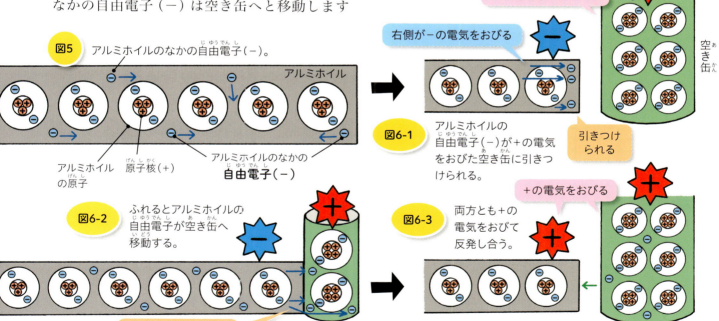

※わりばしやストローは自由電子をもたないので、ふれ合っても電子がストローからわりばしへ移動することはなく、反発することはない。＋の電気をおびた空き缶をゴム手袋で持つようにしたのは、手から空き缶へ電子が移動しないようにするためである。

電流が流れるしくみ —— 自由電子の移動

　下の図1のように、金属板2枚を少し離しておきます。上の金属板に＋の電気をおびた空き缶（18ページ参照）をふれさせると、自由電子（－）が金属板から空き缶へ移動し、上の金属板は＋の電気をおびるようになります（図2）。＋の電気をおびた上の金属板の電場のはたらきで、下の金属板のなかの自由電子（－）は上側へ移動します。このため、下の金属板の上側は－の電気をおび、下側は＋の電気をおびるようになります。これを何回もくり返すと、金属板がおびる電気の量がふえて、たまっていきます。

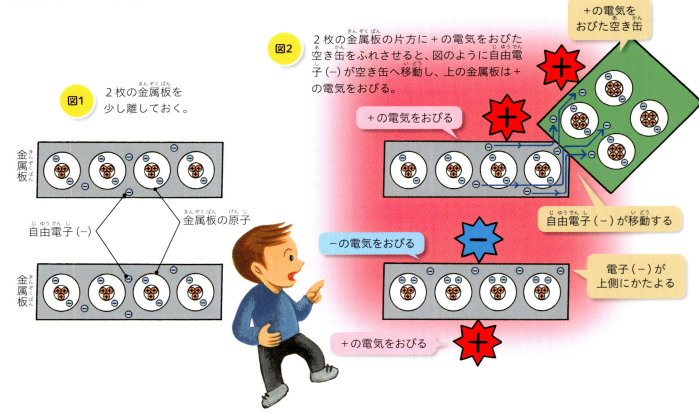

この2枚の金属板のあいだには電場が生まれています。

　この電気をおびた2枚の金属板のあいだに、金属にふれないように銅線をおくと、電場のはたらきで銅線のなかの自由電子（−）は＋の電気をおびた金属板のほうへ移動します（図3）。さらに金属板と銅線を接触させると、銅線のなかの自由電子（−）と下の金属板の自由電子（−）は、いっきに＋の電気をおびた上の金属板へ移動します（図4）。つまり、電気が流れます。金属板のあいだを銅線のかわりに蛍光灯でつなぐと、明るく点灯するので、電気が流れていることがわかります（22ページ参照）。

　このように自由電子（−）が移動すること（−から＋への流れ）を「電流」と言います。しかし、このことがわかる前に「電流は＋の電気の移動（＋から−への流れ）」と決められたので、実際の自由電子の流れとは逆向きを「電流の流れる向き」としています。

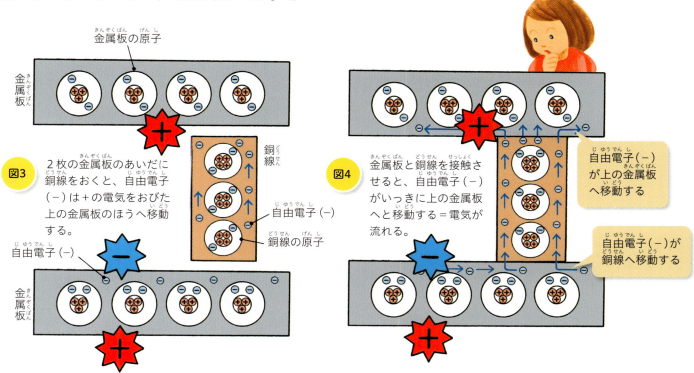

図3　2枚の金属板のあいだに銅線をおくと、自由電子（−）は＋の電気をおびた上の金属板のほうへ移動する。

図4　金属板と銅線を接触させると、自由電子（−）がいっきに上の金属板へと移動する＝電気が流れる。

自由電子（−）が上の金属板へ移動する

自由電子（−）が銅線へ移動する

電気をためて電流を流してみよう

2枚の金属板（アルミホイル）に静電気をためて蛍光灯をつける

1. プラスチックのコップにアルミホイルをきれいにまきつける。
2. 上部のアルミホイルを切りとり、底は内側へ折りこむ。
3. アルミホイルをはりつけたコップを2個つくる。
4. アルミホイルを折りたたんで、テープをつくり、図のようにつける。
5. A、Bの2つのコップを図のようにかさねる。
6. 塩ビ管をティッシュペーパーでこすって、-の電気をおびさせ、上のほうのテープにふれるくらいに近づける。これをくり返して、電気をためておく。
7. コップと2つのテープと蛍光灯を図のようにつなぐ。
8. 上のコップのアルミホイルのテープと、蛍光灯からのばした長いテープをつなぐと、一瞬電流が流れて、蛍光灯が光る。

この実験のように、電気をおびた2枚の金属板のあいだを銅線や蛍光灯でつなぐと電流を流すことができます。しかし、このとき蛍光灯には一瞬しか電流は流れません。自由電子が一瞬で移動してしまうからです。

こうした電流を流すはたらきがあるものを「電源」、電流を流すはたらきを「電圧」といい、その大きさをV（ボルト）、流れている電流の大きさをA（アンペア）という単位で表します。このアルミコップの電圧は10000Vぐらいで、電流は0.00001Aぐらい流れています。

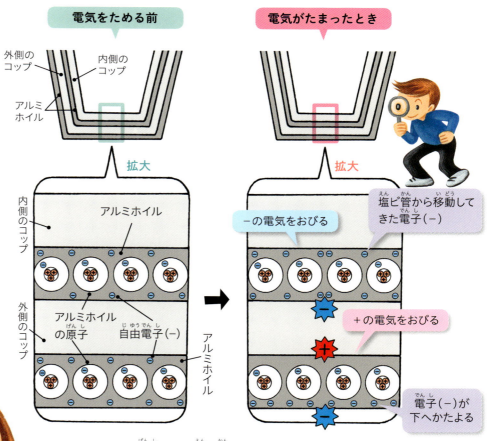

かさねたコップのなかに電気がたまるしくみ

電気をためる前

アルミホイルの原子のなかには自由電子がある。プラスチックのコップは電気を通さない。

電気がたまったとき

塩ビ管を内側のコップのテープに近づけると、内側のアルミは電子（－）をもらって、－の電気をおびる。外側のコップのアルミのなかにある自由電子は内側のアルミの－に反発して下側へ移動する。内側のアルミと外側のアルミを長いテープでつなぐと、電子（－）が移動して電流が流れ、蛍光灯が光る。

電流を流し続けるためには
―― ボルタの電池

電気をおびた金属板を使った電源では、一瞬しか電流が流れませんでした。ところがよく使われる電池は1.5Vの電圧で、かい中電灯なら50時間以上も電流を流し続けられます。電池はどのようなしくみになっているのでしょうか。

イタリアのボルタは、ちがう種類の金属のあいだで電気が発生すると考えて、水でうすめた硫酸のなかに銅板と亜鉛板を入れた電池（ボルタの電池）をつくりました。この電池は、電気をおびたものから流れる電流とちがって、電流を長い時間、連続的につくり出すことができました。どうして、電流が流れ続けるのでしょう。

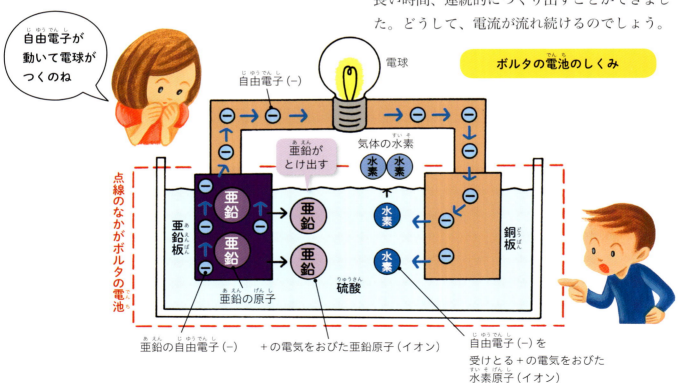

ボルタの電池のしくみ

左のページの図がボルタの電池のしくみです。水でうすめた硫酸のなかでは、金属の亜鉛は溶けてしまいます。亜鉛原子は電子（－）を亜鉛板に残して、＋の電気をおびた状態の亜鉛原子（この電気をおびた状態の原子を「イオン」という）になって水のなかに溶けていきます。そのため亜鉛板には、電子（－）がたくさんたまっていきます。

　このとき亜鉛板と銅板のあいだに豆電球などを入れてつなぐと、亜鉛板にたまっていた電子（－）が自由電子（－）となって銅板のほうへ移動し、電流が流れて電球が点灯します。こうして、硫酸のなかに亜鉛が溶け続けるあいだは、電子（－）が取り出されて、電流が流れ続けるのです。
　硫酸のかわりにレモンの汁、亜鉛のかわりにアルミホイル、銅のかわりにステンレスのスプーンを使っても電池をつくることができます。

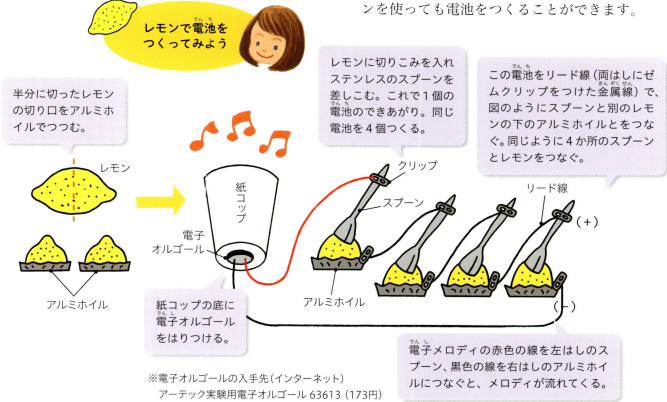

レモンで電池をつくってみよう

半分に切ったレモンの切り口をアルミホイルでつつむ。

レモンに切りこみを入れステンレスのスプーンを差しこむ。これで1個の電池のできあがり。同じ電池を4個つくる。

この電池をリード線（両はしにゼムクリップをつけた金属線）で、図のようにスプーンと別のレモンの下のアルミホイルとをつなぐ。同じように4か所のスプーンとレモンをつなぐ。

紙コップの底に電子オルゴールをはりつける。

電子メロディの赤色の線を左はしのスプーン、黒色の線を右はしのアルミホイルにつなぐと、メロディが流れてくる。

※電子オルゴールの入手先（インターネット）
　アーテック実験用電子オルゴール 63613（173円）

離れていてもはたらく磁石の力
── 磁場

電気の力は、離れていてもはたらきます。同じように磁石の力も離れていてもはたらきます。同じような力に見えますが、磁石には電気にはない特徴があります。

磁石を発泡スチロールのトレイにのせて水の上に浮かべると、やがて南北を向いて止まります（図1）。北を向く方を磁石のN極（図の赤色）、南を向く方をS極（図の青色）といいます。N極とN極、S極とS極のように同じ極どうしを近づけると反発する力がはたらきます。逆に、N極とS極を近づけると引きつけ合います。また、磁石は2つに切っても、それぞれがまたN極とS極をもつ磁石になります（図2）。

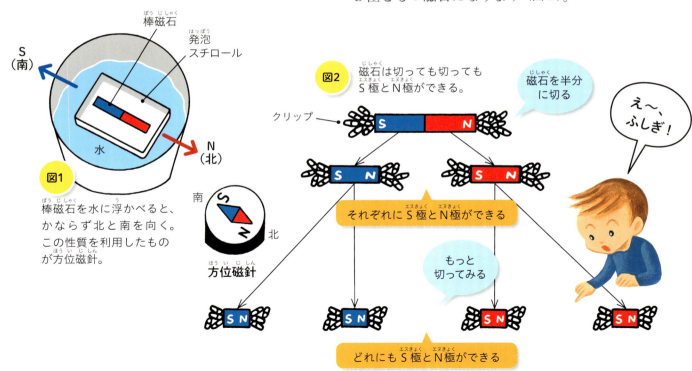

図1
棒磁石を水に浮かべると、かならず北と南を向く。この性質を利用したものが方位磁針。

方位磁針

図2 磁石は切っても切ってもS極とN極ができる。

磁石を半分に切る

クリップ

それぞれにS極とN極ができる

もっと切ってみる

どれにもS極とN極ができる

え〜、ふしぎ！

電気をもつもののまわりに電場があるように、磁石のまわりにもほかの磁石が力を受けるような空間があり、これを「磁場」といいます。磁場のなかに方位磁針（小さな針の形をした磁石が自由に回転するもの）をおくと、場所によって針がちがう方向を向きます。これは棒磁石の磁場から磁針が受ける力の向きが、場所によってちがうからです。磁針のN極（赤色）のさす向きを「磁場の向き」といいます。図3のように、たくさんの方位磁針をおいてみると磁場の向きが棒磁石のN極からS極のほうへ向かっていることがわかります。

方位磁針のかわりに透明なガラスか下じきを棒磁石の上にのせて、上から鉄粉（砂からとった砂鉄でもよい）をまいて、軽くガラスのふちをたたくと、磁石のまわりの鉄粉が方位磁針と同じ向きになって、磁場が図4のような模様として見えてきます。これは、磁場のなかで鉄粉が磁石になって、方位磁針の代わりをしているからです。

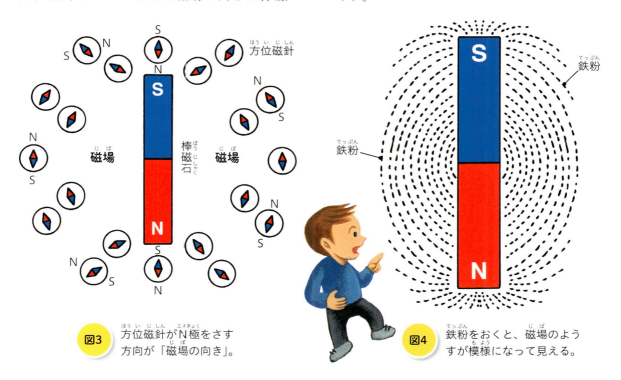

図3　方位磁針がN極をさす方向が「磁場の向き」。

図4　鉄粉をおくと、磁場のようすが模様になって見える。

電流のまわりに磁場ができる

電気と磁石は同じ現象だと考えられていましたが、16世紀になると、別の現象であることが明らかにされました。しかし、雷が落ちたときに近くにあった鉄が磁石になったというような現象がいくつも観察されて、電気と磁石は同じではないけれど、何らかの関係があることがわかってきました。

図1のように、電流の流れているまっすぐな銅線（金属の線）のまわりに方位磁針をおくと、電流の向きに対して右まわりの向きに磁場ができていることがわかります。方位磁針の代わりに鉄粉をまいても磁場の向きに鉄粉が並び、図2のような模様が現れます。

つまり、電流のまわりには磁場ができるのです。

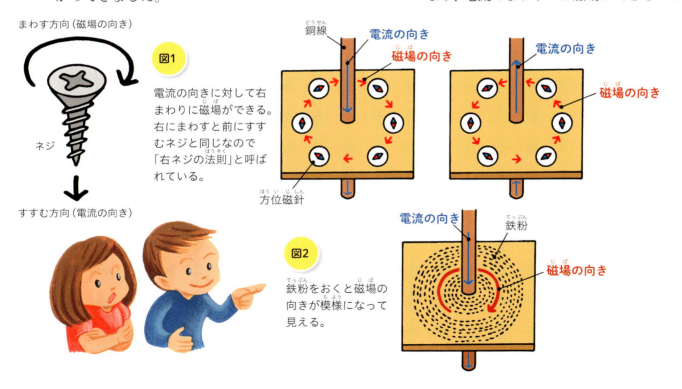

まわす方向（磁場の向き）
ネジ
すすむ方向（電流の向き）

図1 電流の向きに対して右まわりに磁場ができる。右にまわすと前にすすむネジと同じなので「右ネジの法則」と呼ばれている。

図2 鉄粉をおくと磁場の向きが模様になって見える。

銅線を輪の形にまいたものをコイルといいます。電流を流すとコイルの内側は、図3の矢印のように銅線の各部分で生まれた磁場が同じ向きになります。同じ向きになった磁場は強め合います。そして、図4のように、コイルのまき数をふやせばふやすほど強い磁場をつくることができます。

　さらに、図5のようにコイルのなかにくぎなどの鉄の棒を入れると、磁場のなかでくぎが磁石になるので、さらに強い磁場をもつようになります。これを「電磁石」といいます。

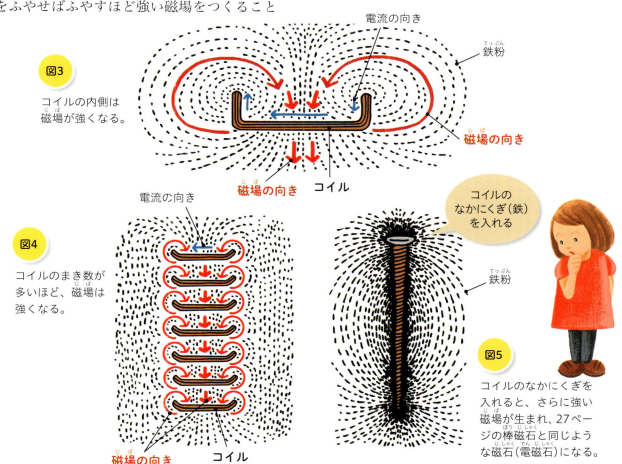

図3 コイルの内側は磁場が強くなる。

図4 コイルのまき数が多いほど、磁場は強くなる。

図5 コイルのなかにくぎを入れると、さらに強い磁場が生まれ、27ページの棒磁石と同じような磁石（電磁石）になる。

磁石で銅線を動かす

　磁石の磁場のなかで、銅線に電流を流すと、銅線は磁石の磁場によって力を受けます。

　図1でU字型の磁石の磁場の向き（赤い矢印）と直角に銅線をおき、青い矢印の向きへ電流を流します。銅線を流れる電流の向きと磁石による磁場の向きと銅線が受ける力の向きの関係は、図2の左手のような関係になります。なかゆびの向きが電流の向き（青い矢印）、人さしゆびの向きが磁場の向き（赤い矢印）、そしてそのとき銅線が受ける力の向きがおやゆびの向きに（緑の矢印）になります。これをフレミングの左手の法則といい、ロンドン大学のフレミングが学生にモーターが動くしくみをわかりやすく説明するために考え出したものです。

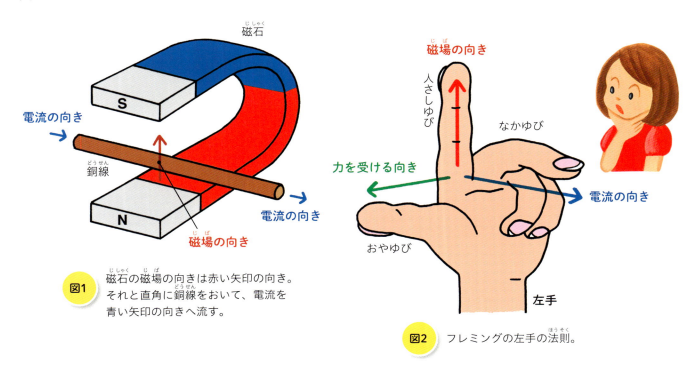

図1　磁石の磁場の向きは赤い矢印の向き。それと直角に銅線をおいて、電流を青い矢印の向きへ流す。

図2　フレミングの左手の法則。

これを図1にあてはめると、図3のように銅線は手前に力を受け、図の緑の矢印のほうへ動きます。

磁場のなかで銅線が力を受けるのは、銅線のなかを流れている自由電子が力を受けるためです（図4）。自由電子は銅線の外に飛び出ることはできませんので、銅線自身が動き出すのです。

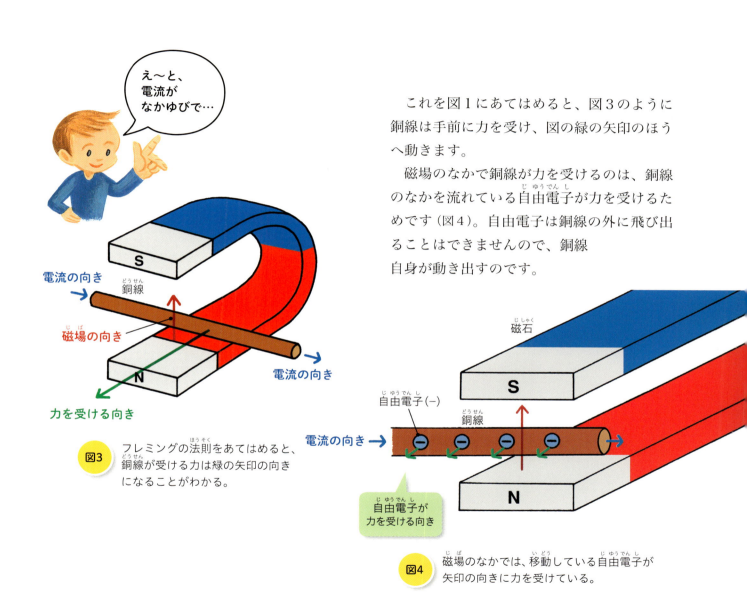

図3 フレミングの法則をあてはめると、銅線が受ける力は緑の矢印の向きになることがわかる。

図4 磁場のなかでは、移動している自由電子が矢印の向きに力を受けている。

電気を回転する力に変える —— モーターのしくみ

前のページでみたように、磁石のなかの銅線を流れる電流は磁場の向きによって決まった向きに力を受けます。電動機（モーター）は銅線をコイルにして、電流が受ける力を回転する力に変えるようにつくられています。

図1は磁石と1回まいたコイルとを組み合わせたものです。コイルに電流（青い矢印）を流すと、コイルの右側はむこう向きに電流が流れ、磁場の向きはNからS（赤い矢印）なので、フレミングの左手の法則で考えるとコイルは下向きの力（緑色の矢印）を受けます。

一方、コイルの左側は、電流が手前側に流れて、磁場は同じ向きに受けています。フレミングの左手の法則で考えると、コイルは上向きの力（緑色の矢印）を受けます。この結果、コイルは右まわりの回転力（紫色の矢印）を受けることになります。

ところが図2のように、右まわりに180度回転させると、コイルの右側が上向きの力を受け、左側が下向きの力を受けるようになり、コイルは左まわりの回転力を受けることになります。これでは、コイルを同じ向きへ回転させ続けることはできません。

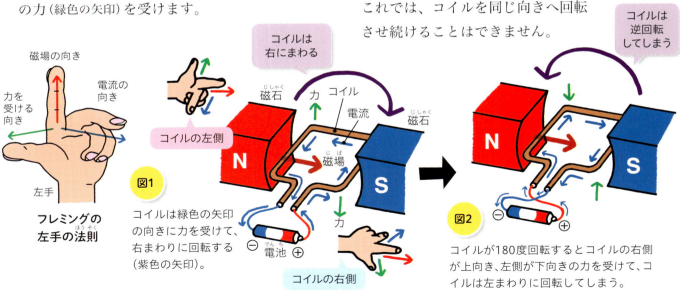

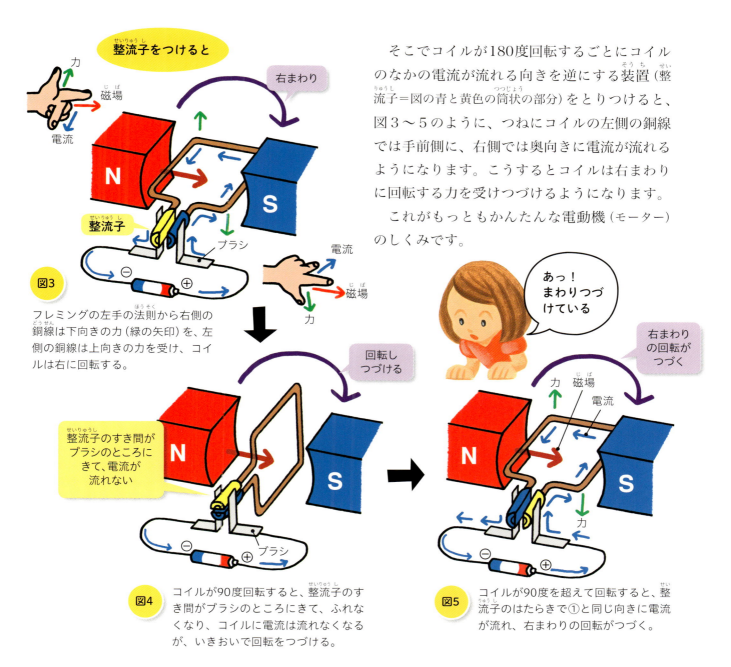

そこでコイルが180度回転するごとにコイルのなかの電流が流れる向きを逆にする装置（整流子＝図の青と黄色の筒状の部分）をとりつけると、図3〜5のように、つねにコイルの左側の銅線では手前側に、右側では奥向きに電流が流れるようになります。こうするとコイルは右まわりに回転する力を受けつづけるようになります。

これがもっともかんたんな電動機（モーター）のしくみです。

磁場から電流をつくれるのでは？
―― ファラデーの発見

銅線に電流を流すと、磁場ができました。それならば、逆に磁場があれば銅線のなかで電流をつくることができるのはないかと考え、たくさんの科学者がいろいろな実験を試みましたが、なかなかうまくいきませんでした。

これに成功したのがイギリスのファラデーです。

彼は、図1のような鉄の輪にA、B2つのコイルをまき、Aのコイルに電流を流して輪を電磁石にしました。Bのコイルからの銅線の先のほうには方位磁針がおいてあります。この磁針が動けばBのコイルに電流が流れたかどうかをたしかめることができます。

あるときファラデーは、Aのコイルに電池をつないだ瞬間、B側の磁針がわずかに動いたことに気がつきました。Bのコイルに電流が流れたのです。また、コイルのなかに永久磁石を入れたり、出したりすると、そのたびに磁針が右に左に動きました（図2）。

こうして、コイルのそばで磁石を動かすと、電流をつくり出せることがわかったのです。では、どうして電流が流れたのでしょうか？

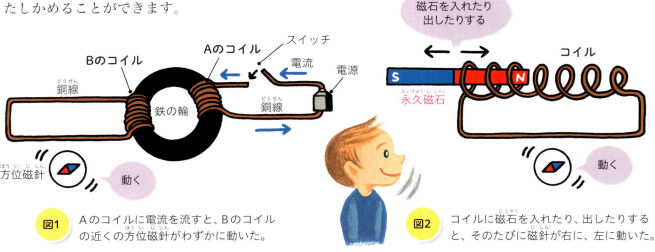

図1 Aのコイルに電流を流すと、Bのコイルの近くの方位磁針がわずかに動いた。

図2 コイルに磁石を入れたり、出したりすると、そのたびに磁針が右に、左に動いた。

右の図のように、磁石を下へ動かして磁場を変化させると、その磁場を取りかこむように電場ができます（図3）。そして、そこにコイルのような銅線があると、銅線のなかの自由電子が磁場の変化によってできた電場から力を受けて移動し、電流が流れるようになるのです。

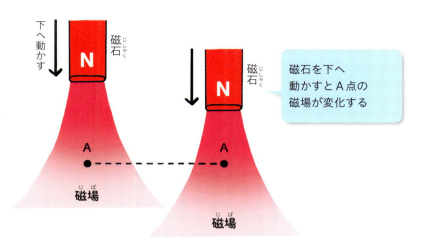

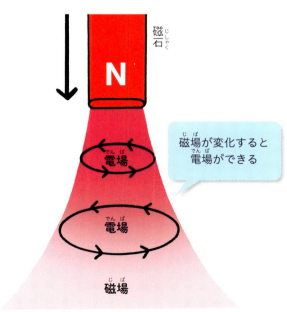

図3　磁石を動かして、磁場を変化させると、電場ができる。

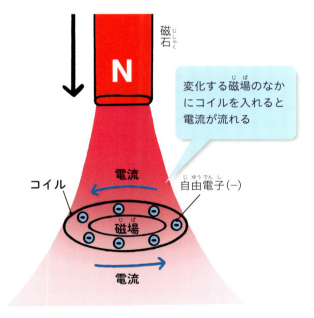

図4　電場にコイルをおくと、なかの自由電子が電場から力を受けて、電流が流れる。

モーターのコイルをまわすと電気が生まれる——発電機のしくみ

ファラデーは、コイルを通る磁場が変化するとコイルに電流が流れることを発見しました。磁場のなかをコイルが動いても電流が流れます。この発見から、コイルと磁石で電気をつくり出す発電機が発明されました。図はモーターのように見えますが発電機です。このコイルをまわすと、電気が生まれます。電流の向きは右の図の右手のような関係になります。おやゆびがコイルが動かされる向き、人さしゆびが磁場の向き、なかゆびが銅線を流れる電流の向きです。

フレミングの右手の法則

図1 ハンドルを電球から見て右まわりにまわすと、コイルは緑の矢印の向きに動き出す。すると、フレミングの右手の法則で、電流は青い矢印の向きに流れる。

図2 コイルが90度回転したところで、ブラシがふれる整流子の面が切りかわる。

これをフレミングの右手の法則と言います。
　図1のように、コイルを電球側から見て右にまわすと電流が流れます。フレミングの右手の法則を使って、右手の人さしゆびを右向き（磁場の向き）にして、おやゆびをコイルが動かされる向き（左側は上）に向けます。こうするとなかゆびは電流が流れる向きをさします。コイルの右側についてもたしかめてみましょう。

　コイルが90度まわると（図2）、ブラシがふれる整流子の面が切りかわり、そのあと電球には以前と同じ向きの電流が流れます。さらに90度回転すると、コイルは完全に裏返り、図1と同じことですから、電球に図1と同じ向きに電流が流れます（図3）。このように同じ向きに流れる電流を「直流」と言います。

図3　コイルが90度から180度まで回転するあいだ、コイルは緑色の矢印の向きに動く。するとフレミングの右手の法則で、電流は青い矢印の向きに流れる。

図4　コイルがさらに90度回転したところで、また、ブラシがふれる整流子の面が切りかわる。

電気のつくり方、ため方

電気には、ものをこすり合わせたときなどに発生する静電気と、電池や発電機でつくられる電気があることがわかりました。

生活には役に立ちそうもない静電気ですが、コピー機や空気中のホコリを取りのぞく集じん機・空気清浄機などに利用されています。

電池はボルタが考えた金属を溶かして発電する化学電池と、太陽電池などの物理電池の2種類に分けられます（下の図）。化学電池には、変化が終わると寿命がつきる一次電池（普通の乾電池）と、充電してくり返し使える二次電池などがあります。二次電池には、自動車に使われている鉛蓄電池（バッテリー）やリチウムイオン電池（携帯電話やカメラ）などがあります。

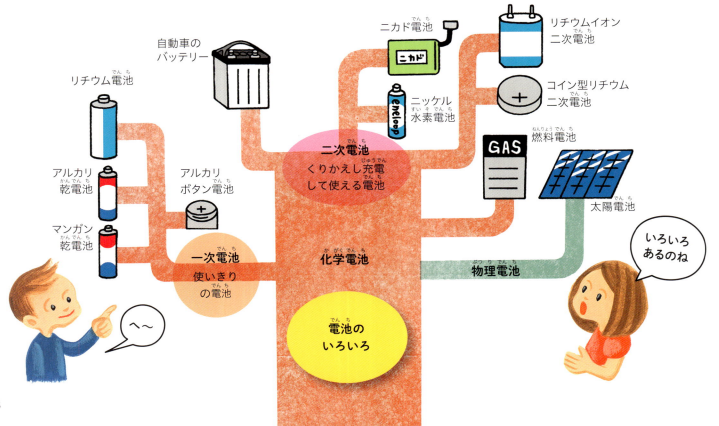

発電機は、ファラデーの発見した現象を利用して、コイルのまわりで磁石を回転させる(または磁石のまわりでコイルを回転させる)ことで電流をつくり出しています。発電機はいくつかの種類がありますが、そのちがいは回転する力を得るためにどのエネルギーを使うかによります。

　水力発電は水の流れるエネルギーを利用して回転力を得ています。火力発電は石油や石炭を燃やして得る熱のエネルギー、原子力発電は核分裂のエネルギーで、地熱発電は地中の熱水のエネルギーで、どれも水を熱して水蒸気をつくり、その力で発電機をまわしています。風力発電は風の力で発電機をまわしています。

　最近増えてきた太陽光発電は、これらとはまったくちがい、光のエネルギーによって、太陽電池のなかの電子を動かして電流をつくり出しています。

　このうち、石油や石炭、原子力(ウラン)などは、原料にかぎりがあり、いつかはなくなってしまいます。これに対して、太陽光や風、水、地熱などはなくなることがないので、「再生可能エネルギー」と呼んでいます。

発電機をまわすいろいろな方法

小野 洋 おの ひろし

1951年生、東北大学大学院工学研究科修了、元公立中学校教諭、科学教育研究協議会会員。主な著書『くらべてわかる科学小事典』(共著・大月書店・2014年)、『学び合い高め合う中学理科の授業』(共著・大月書店・2012年)、『21世紀の学力を育てる中学理科の授業』(共著・星の環会・2000年)、『地震列島日本の謎を探る』(共著・東京書籍・2000年)。

大橋慶子 おおはし けいこ

1981年生まれ、武蔵野美術大学卒業。イラストレーター、絵本作家として雑誌や書籍で活動中。主な著書『そらのうえ うみのそこ』(TOブックス)、『もりのなかのあなのなか』(福音館書店「かがくのとも」)ほか。

そもそもなぜをサイエンス6

電気はどこで生まれるの

2017年3月31日　第1刷発行
2021年3月10日　第2刷発行

発行者　中川 進
発行所　株式会社 大月書店
　　　　〒113-0033 東京都文京区本郷2-27-16
　　　　電話（代表）03-3813-4651　FAX 03-3813-4656
　　　　振替 00130-7-16387
　　　　http://www.otsukishoten.co.jp/

著者　　小野 洋
絵　　　大橋慶子
デザイン　なかねひかり
印刷　　光陽メディア
製本　　ブロケード

ⓒ 2017 Ono Hiroshi　ISBN 978-4-272-40946-4 C8340
定価はカバーに表示してあります
本書の内容の一部あるいは全部を無断で複写複製(コピー)することは法律で認められた場合を除き、著作者および出版社の権利の侵害となりますので、その場合にはあらかじめ小社あて許諾を求めてください。